どうぶつたちへのレクイエム

児玉小枝

日本出版社

はじめに

1997年《ねん》の春《はる》のことです。当時《とうじ》勤《つと》めていた会社《かいしゃ》の近《ちか》くの線路《せんろ》わきに、水色《みずいろ》のゴミ袋《ぶくろ》が捨《す》ててありました。近《ちか》づいてみると、袋《ふくろ》の外側《そとがわ》に、「犬《いぬ》（死《し》）」と書《か》いた紙《かみ》が貼《は》ってありました。中《なか》には赤《あか》い首輪《くびわ》をした白《しろ》い犬《いぬ》が入《はい》っていました……。淀川《よどがわ》の河川敷《かせんじき》にお墓《はか》を作《つく》りました。その日《ひ》から、私《わたし》にできることについて考《かんが》え始《はじ》めました――。

その年《とし》の夏《なつ》、動物収容施設《どうぶつしゅうようしせつ》※を訪《おとず》れ、数日後《すうじつご》に、あるいは数時間《すうじかん》後《ご》に生命《いのち》を絶《た》たれるどうぶつたちに逢《あ》いました。人間《にんげん》を信《しん》じて疑《うたが》わない瞳《ひとみ》をして、人間《にんげん》なんか絶対信《ぜったいしん》じないという瞳《ひとみ》をして……まるで自分《じぶん》たちの運命《うんめい》を知《し》っているかのように、彼《かれ》らはそこにいました。そこで知《し》ったことは、無責任《むせきにん》にどうぶつを捨《す》てたり保健所《ほけんじょ》に持《も》ち込《こ》んだりする人《ひと》が後《あと》を絶《た》たないこと、放《はな》し飼《が》いにされたあげく、迷《まよ》い犬《いぬ》となって収容《しゅうよう》される犬《いぬ》がたくさんいること、戸外《こがい》を放浪《ほうろう》していて捕獲《ほかく》された犬《いぬ》は、収容《しゅうよう》されて3日目《かめ》に、飼《か》い主《ぬし》に持《も》ち込《こ》まれた犬《いぬ》や猫《ねこ》はその日《ひ》のうちにも殺処分《さつしょぶん》されていること、その処分方法《しょぶんほうほう》は〝安楽死《あんらくし》〟などではなく、〝炭酸《たんさん》ガスによる窒息死《ちっそくし》〟であること、そして、今《いま》、目《め》の前《まえ》にいる彼《かれ》らもまた……。

犬《いぬ》16万《まん》４２０９、猫《ねこ》27万《まん》５６２８——。これは、全国《ぜんこく》で1年間《ねんかん》に殺処分《さつしょぶん》された〝いのち〟の数《かず》です。

今《いま》の日本《にほん》の社会《しゃかい》で、どうぶつと人間《にんげん》が共存《きょうぞん》していくためには、私《わたし》たち人間《にんげん》が社会《しゃかい》のルールやマナーを守《まも》り、どうぶつたちの生命《いのち》に責任《せきにん》を持《も》って暮《く》らしていくほかはありません。

これからご覧《らん》いただく写真《しゃしん》は、動物収容施設《どうぶつしゅうようしせつ》で生命《いのち》を絶《た》たれていったどうぶつたちの、誇《ほこ》り高《たか》き最期《さいご》の肖像《しょうぞう》です。あの日《ひ》の彼《かれ》らの瞳《ひとみ》を、私《わたし》は生涯忘《しょうがいわす》れないでしょう。この写真《しゃしん》を通《とお》して、ことばを持《も》たないどうぶつたちの声《こえ》なき声《こえ》が、あなたの心《こころ》に届《とど》きますように——。

児玉小枝《こだまさえ》

※施設《しせつ》の名称《めいしょう》は、保健所《ほけんじょ》、動物管理《どうぶつかんり》センター、動物愛護《どうぶつあいご》センターなど、自治体《じちたい》によってさまざまです。

どうぶつたちへのレクイエム

——ここは、捨《す》てられた犬猫《いぬねこ》たちが
最期《さいご》の時《とき》を過《す》ごす、動物収容施設《どうぶつしゅうようしせつ》です。

薄暗《うすぐら》い檻《おり》のすみっこで
不安《ふあん》と恐怖《きょうふ》に身《み》を震《ふる》わせながら
彼《かれ》らはそこにいました。

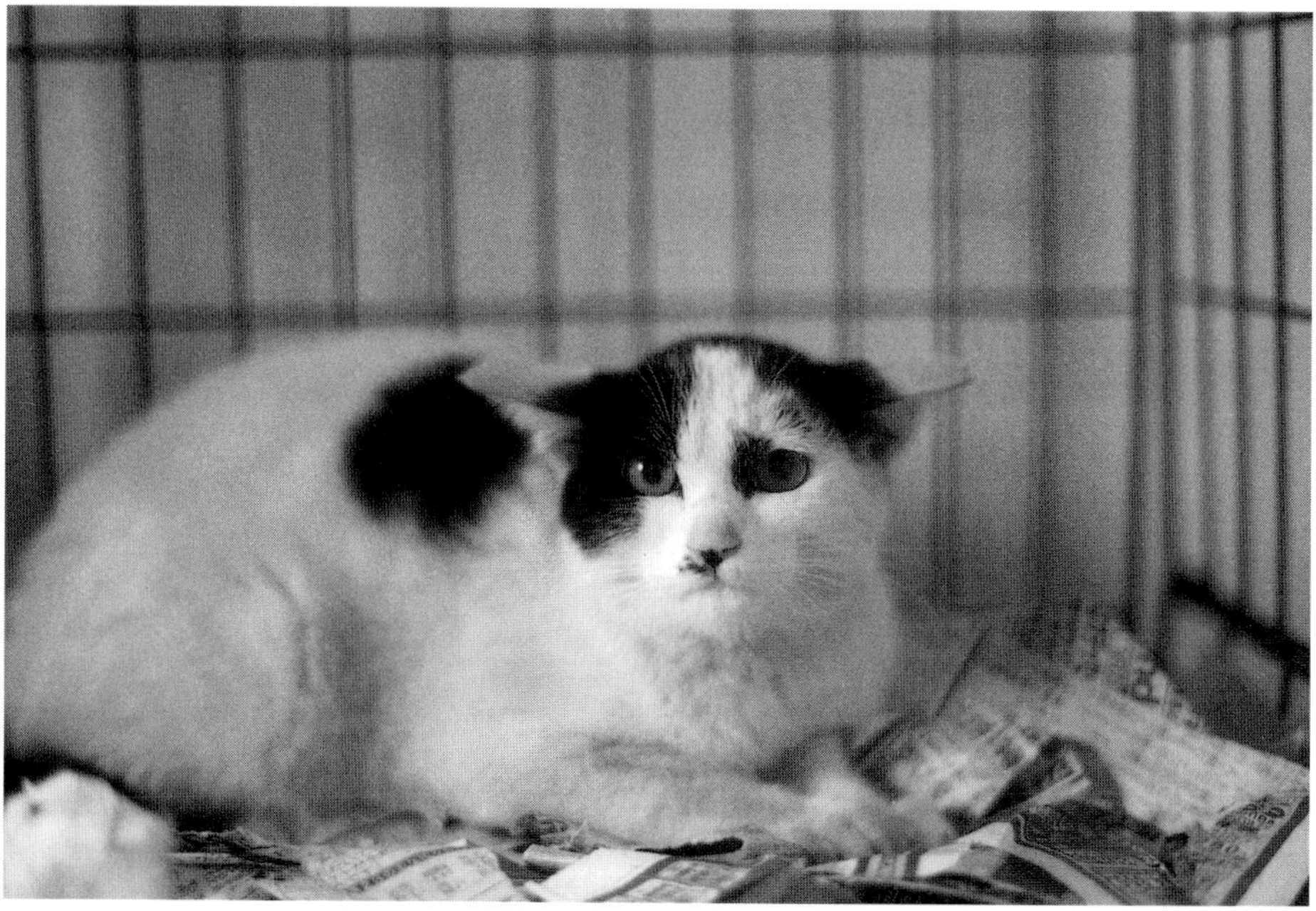

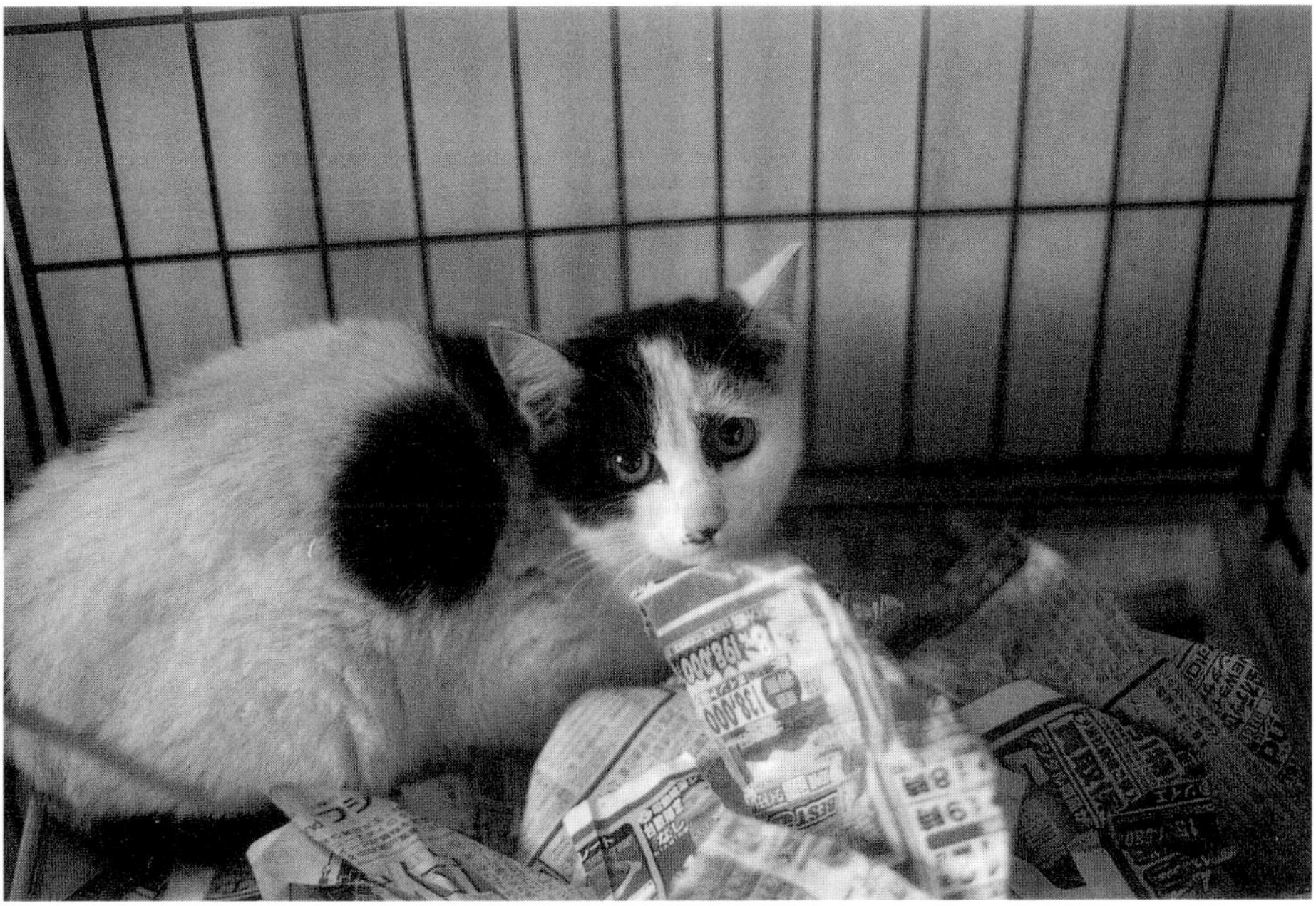

まるで自分《じぶん》の運命《うんめい》を
知《し》っているかのような……

自分《じぶん》の運命《うんめい》を
あきらめているかのような……

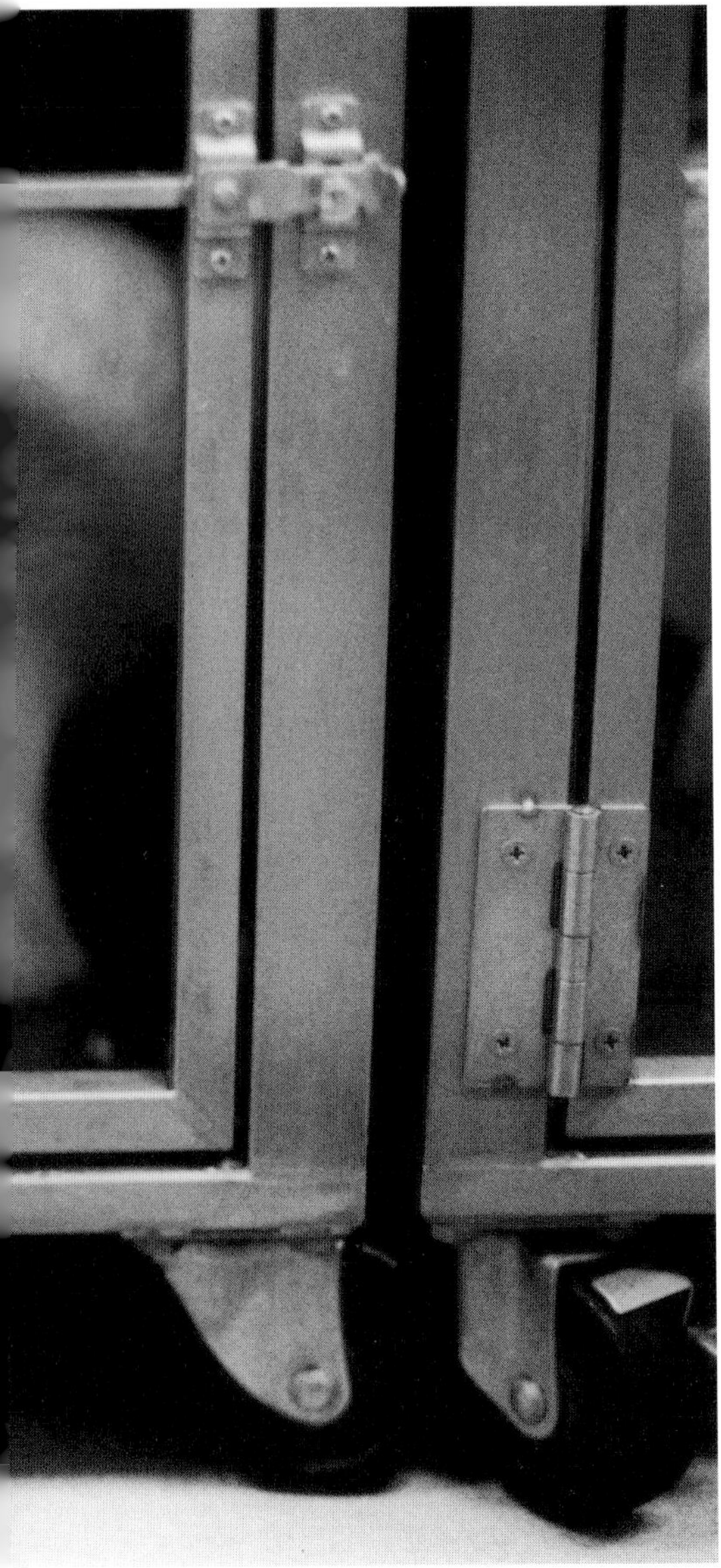

そんな切《せつ》ない瞳《ひとみ》をして……

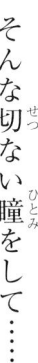

彼《かれ》らはそこにいました。

ここに収容《しゅうよう》されている子《こ》のほとんどが
首輪《くびわ》をつけています。

ある一頭《いっとう》の柴犬《しばいぬ》に出逢《であ》いました。
私《わたし》が檻《おり》に近《ちか》づくとかけ寄《よ》ってきて、
小《ちい》さく尾《お》をふり小首《こくび》をかしげました。
人《ひと》なつこく優《やさ》しい瞳《ひとみ》をしたその子《こ》は、
一体《いったい》どんな理由《りゆう》があって
飼《か》い主《ぬし》に捨《す》てられなくては
ならなかったのでしょうか。

「ここはどこ?」

「あなたは誰《だれ》なの？」

「ぼく、
ここに来《き》てからずっと、
大好《だいす》きなあの人《ひと》が
むかえに来《き》てくれるのを
待《ま》ってるんだ」

「ねぇ、ぼくの大切《たいせつ》なあの人《ひと》は、どこ？」

「ずっとずっと、待《ま》っているのに……」

一緒《いっしょ》に来《き》た3歳《さい》の息子《むすこ》が
一枚《いちまい》の写真《しゃしん》を見《み》て、
「お父《とう》さん、このワンワン
『さみしい』って言《い》ってるで」
と言《い》いました……。

（H・Yさん）

〈写真展《しゃしんてん》「どうぶつたちへのレクイエム」
来場者《らいじょうしゃ》の感想文《かんそうぶん》より〉

街中《まちなか》をさまよっているところを
捕獲《ほかく》されたパグ犬《けん》。
〝捕獲犬《ほかくけん》〟の場合《ばあい》、収容《しゅうよう》されてから
2日《か》以内《いない》に飼《か》い主《ぬし》が迎《むか》えに来《こ》なければ、
3日《か》目《め》には殺処分《さつしょぶん》されます。

この子《こ》は10歳《さい》を超《こ》えた
老犬《ろうけん》ポメラニアン。
この子《こ》を保健所《ほけんじょ》に
持《も》ち込《こ》んだ飼《か》い主《ぬし》は、
上品《じょうひん》な身《み》なりをした
中年《ちゅうねん》の女性《じょせい》でした。
「この子《こ》の最期《さいご》を
看取《みと》るのがいやだから」

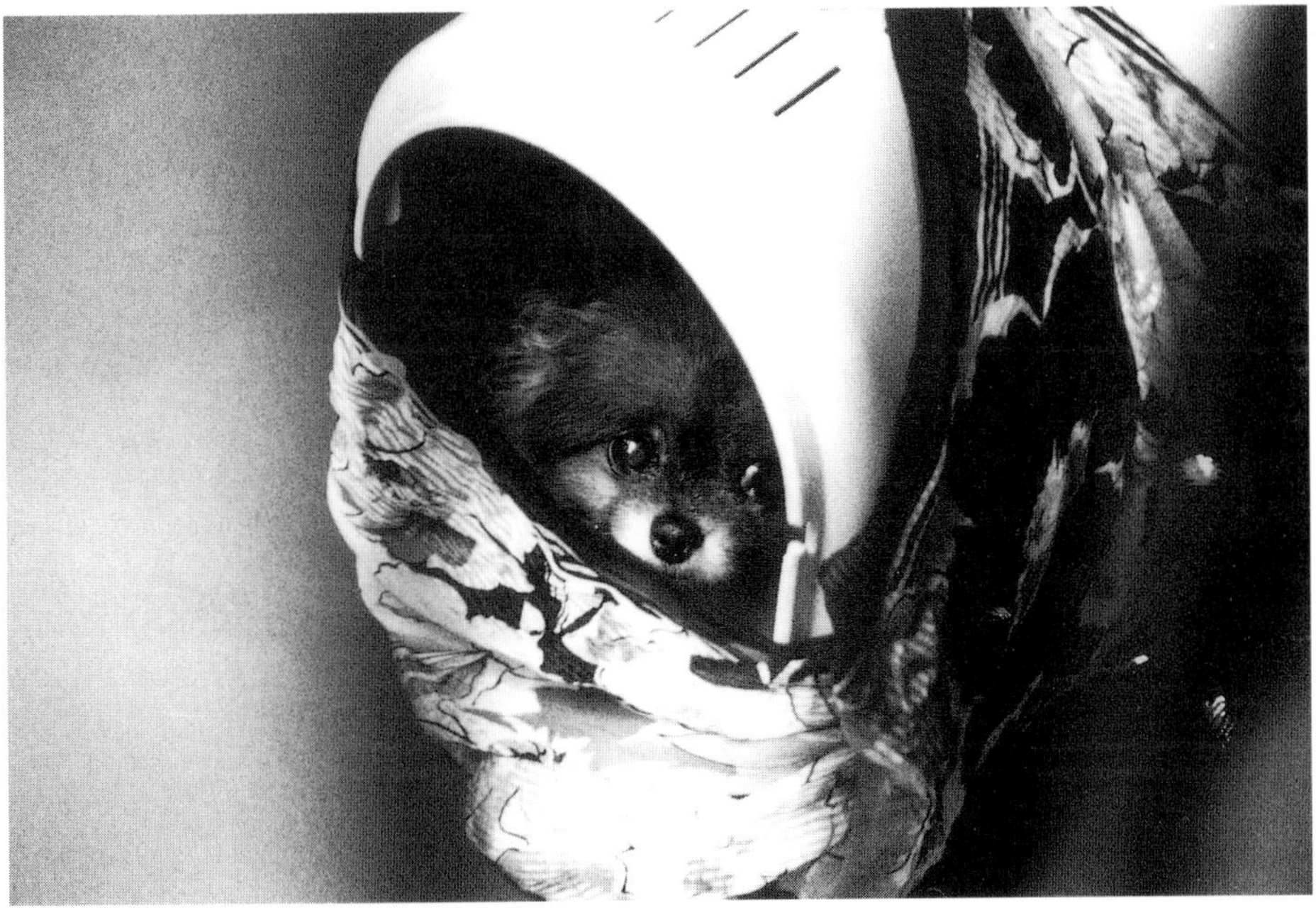

そう言《い》い残《のこ》し、
すがるような瞳《ひとみ》で見上《みあ》げる
その子《こ》を置《お》いて、
足早《あしばや》に去《さ》っていきました。

「年《とし》をとって手《て》がかかるから」と
捨《す》てられた老犬《ろうけん》。
少《すこ》し痴呆《ちほう》がかかったその子《こ》は、
時々《ときどき》、檻《おり》の中《なか》を徘徊《はいかい》しながら、
白《しろ》く濁《にご》った瞳《ひとみ》をうるませ、
遠《とお》くをみつめては
力《ちから》なくうなだれるばかりでした。

「ここから出《だ》してほしい」と
ただひたすらに
訴《うった》え続《つづ》ける年若《としわか》きこの子《こ》にも、
明日《あす》はありません。

「子犬《こいぬ》を身《み》ごもったから」と
捨《す》てられた母犬《ははいぬ》は、
自《みずか》らの中《なか》に宿《やど》った小《ちい》さな命《いのち》とともに
最期《さいご》の時《とき》を待《ま》っていました。

犬《いぬ》も人間《にんげん》と同《おな》じで
命《いのち》があります。
それを一番《いちばん》まもりたいです。
（小学生《しょうがくせい》　男子《だんし》）

「大《おお》きくなりすぎた」
「手《て》におえない」――。
一時期《いちじき》、流行《はや》っているからと
次々《つぎつぎ》に飼《か》われた
シベリアン・ハスキーたちの、
悲《かな》しい末路《まつろ》です。

ワォーン　ワオン　ワォン……
ワーーオ　ワォ　ワォ　ワォ……
飼《か》い主《ぬし》の元《もと》に届《とど》くはずもない悲痛《ひつう》な遠吠《とおぼ》えが
収容所《しゅうようじょ》いっぱいにこだましていました。

この写真《しゃしん》を見《み》ていて、ナチスドイツ時代《じだい》の
アウシュビッツを思《おも》い出《だ》します。
何《なに》も悪《わる》くないのに殺《ころ》されてしまった人々《ひとびと》と、
この動物《どうぶつ》たちが重《かさ》なります。

（盛岡市《もりおかし》　Hさん）

あたたかな部屋《へや》の中《なか》で家族《かぞく》同様《どうよう》に育《そだ》てられ、
愛《あい》されたであろう〝小型室内犬《こがたしつないけん》〟も、
「引《ひ》っ越《こ》し」「病気《びょうき》」など様々《さまざま》な理由《りゆう》で
保健所《ほけんじょ》に持《も》ち込《こ》まれます。

11

処分
11

死《し》ぬ前《まえ》の犬《いぬ》は、
心《こころ》の中《なか》でないていると思《おも》います。

（小学生《しょうがくせい》　女子《じょし》）

仔犬

「人《ひと》に飼《か》われていた犬《いぬ》ほど、
これから自分《じぶん》がどうなるのかがわかるのでしょうか、
最期《さいご》の部屋《へや》（処分室《しょぶんしつ》）に入《はい》るのをとても嫌《いや》がります。
入《い》り口《ぐち》の所《ところ》で必死《ひっし》になって、四《よ》つ足《あし》で踏《ふ》ん張《ば》るんです。
処分《しょぶん》は一般的《いっぱんてき》に安楽死《あんらくし》と思《おも》われていますが、
決《けっ》してそうではありません。犬《いぬ》も猫《ねこ》もガス室《しつ》の中《なか》で叫《さけ》び、
もがき苦《くる》しみながら死《し》んでいきます。本当《ほんとう》に辛《つら》い仕事《しごと》です」
ある施設《しせつ》の職員《しょくいん》の方《かた》が、「真実《しんじつ》を伝《つた》えてほしい」と、
そう教《おし》えてくれました――。

ある小学校《しょうがっこう》で
写真展《しゃしんてん》を開《ひら》いた時《とき》のことです。
目《め》に涙《なみだ》をいっぱいためた
一年生《いちねんせい》の男《おとこ》の子《こ》が
私《わたし》のところへ来《き》てたずねました。

「なんで、この子《こ》ら、殺《ころ》されるん？」

『……人間《にんげん》に捨《す》てられたからやで』

「そしたら、ぼくも捨《す》てられたら殺《ころ》されるな」

『そんなことないよ……』

「なんで？　だって、おんなじ命《いのち》やろ？」

都市ガス用
2A・13A(天然ガス

市ガス用
2A・13A

犬《いぬ》も人間《にんげん》といっしょで、
子《こ》どもが生《う》まれたらうれしいけど、
すてられて殺《ころ》されるとめっちゃ悲《かな》しい。
それといっしょで、犬《いぬ》も、
どんな気持《きも》ちなんだろう。

（大阪府《おおさかふ》　大谷晃央《おおたにあきお》くん　小《しょう》5）

ぼくは、
自分《じぶん》でできる
ことがあったら
してあげたかった。
（佐久間翔吾君《さくましょうごくん》　小学生《しょうがくせい》）

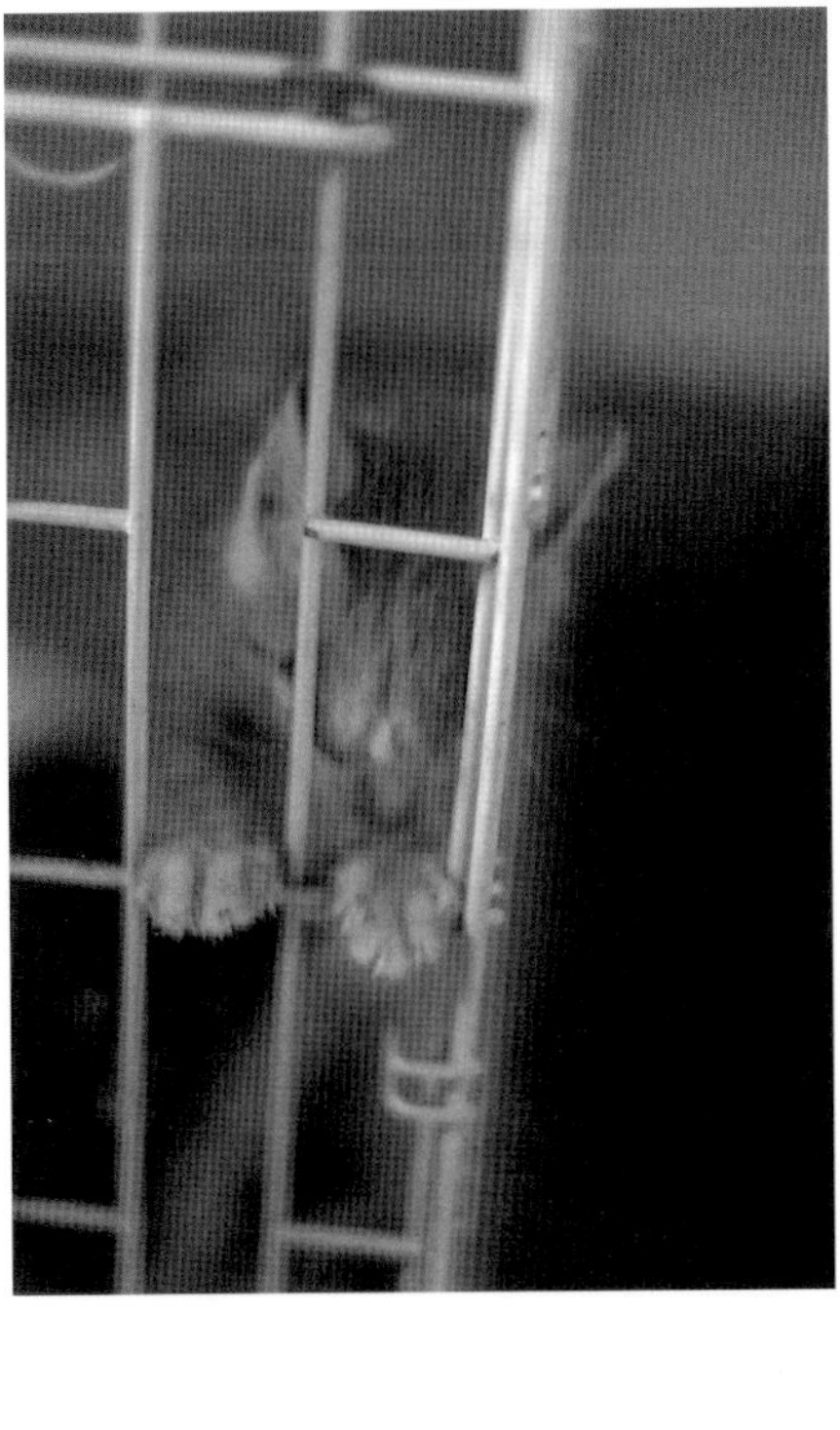

動物《どうぶつ》は人間《にんげん》といっしょに生《い》きているのに、
すてたりころしたりするのは
人間《にんげん》をころしているのと
いっしょのようにかんじました。

（小学生《しょうがくせい》　女子《じょし》）

私《わたし》は今《いま》までも
命《いのち》は大切《たいせつ》だなぁと
思《おも》ってたけど、
もっともっと
自分《じぶん》以外《いがい》の命《いのち》も
大切《たいせつ》にしようと思《おも》った。
（村井《むらい》和佳《わか》さん　小《しょう》5）

捨《す》てる人間《にんげん》が悪《わる》いのに、
なんで犬《いぬ》がころされるのか
わからない。
犬《いぬ》も生《い》きているのに、
かわいそうだ。
（大阪府《おおさかふ》　宮崎明彦君《みやざきあきひこくん》　小《しょう》5）

わたしのおかあさんは
「いのちは、みんなおなじ」と
いっていました。
すてたりするなんて
もったいないことです。
（小学《しょうがく》一年生《いちねんせい》）

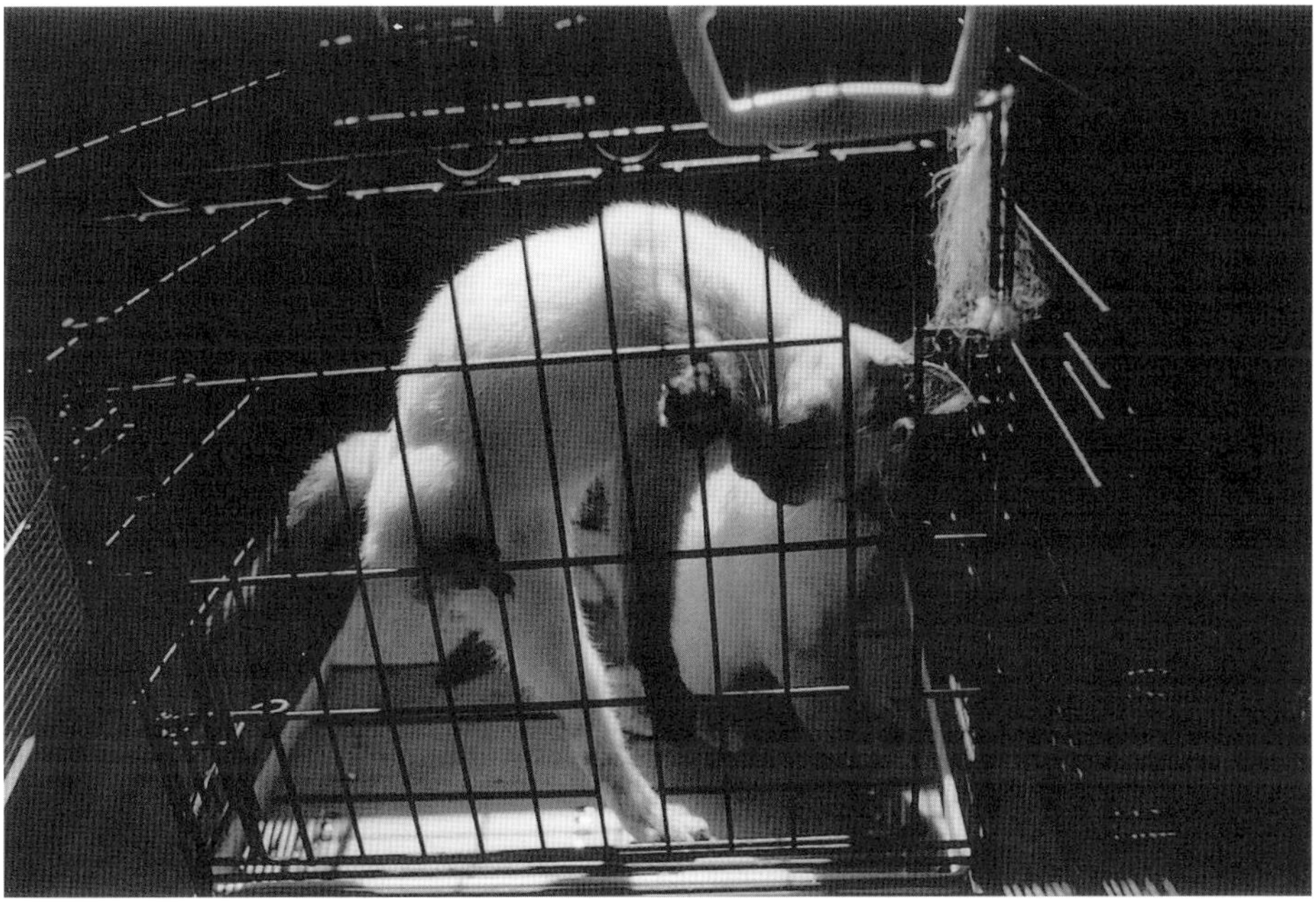

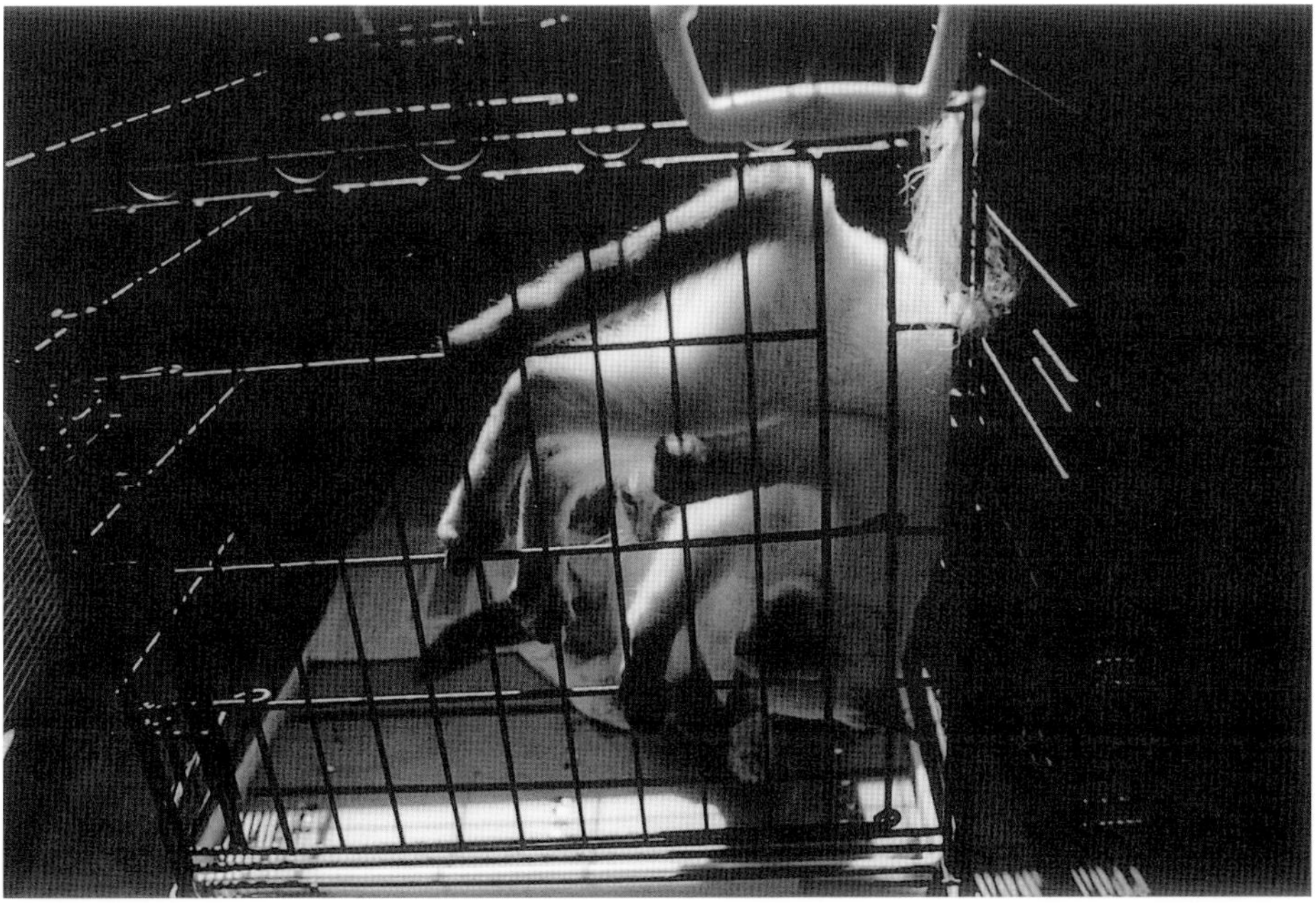

この写真《しゃしん》のどうぶつたちの目《め》を
まっすぐに見《み》つめられる
自分《じぶん》になりたいと思《おも》います。
（尼崎市《あまがさきし》　関口裕志《せきぐちゆうじ》さん　23歳《さい》）

犬《いぬ》や猫《ねこ》を捨《す》てたりしたら、
たすけてもらえないかぎり、
一《ひと》つまた一《ひと》つと、命《いのち》がなくなっていく
ということがわかった。

（大阪府《おおさかふ》　五十嵐夏子《いがらしなつこ》さん　小《しょう》5）

春先《はるさき》の出産《しゅっさん》シーズンになると、生《う》まれて間《ま》もない子猫《こねこ》が、次《つぎ》から次《つぎ》へと捨《す》てられます。

子猫《こねこ》を4匹《ひき》、保健所《ほけんじょ》に持《も》ち込《こ》んだ主婦《しゅふ》に話《はなし》を聞《き》きました。

「その子《こ》たち、どうしたんですか？」

『うちの猫《ねこ》が産《う》んだんだけど、飼《か》えないから……』

「里親《さとおや》は探《さが》されたんですか？」

『あ～、探《さが》したけど、見《み》つからなかったんですよ』

「この子《こ》たち、ここに置《お》いて行《い》ったら、ガス室《しつ》で処分《しょぶん》されますよ。安楽死《あんらくし》じゃなく、苦《くる》しみながら死《し》んでいくんですよ」

『う～ん、でも、しょうがないし……』

「この子《こ》たちの母猫《ははねこ》に不妊手術《ふにんしゅじゅつ》を受《う》けさせたらどうですか？」

『え～、そんなのかわいそうだし。それにお金《かね》もかかるでしょー。私《わたし》、急《いそ》いでるから……』

持《も》ち込《こ》まれた子猫《こねこ》たちは、
その後《ご》、麻袋《あさぶくろ》に詰《つ》め込《こ》まれ、
ガス室《しつ》で殺処分《さっしょぶん》されました。

犬《いぬ》や猫《ねこ》を保健所《ほけんじょ》に持《も》ち込《こ》む人《ひと》に問《と》いたい。
「あなたは処分室《しょぶんしつ》の前《まえ》に立《た》ち、
最期《さいご》のボタンを押《お》せますか?」

液化炭

前《まえ》に国語《こくご》で、

「人類《じんるい》はすばらしいはってんをとげてきた」

と書《か》いていました。

それだけでえらいと言《い》えるなんて、
何《なん》だか変《へん》だと思《おも》います。


（I・Hさん　小学生《しょうがくせい》）

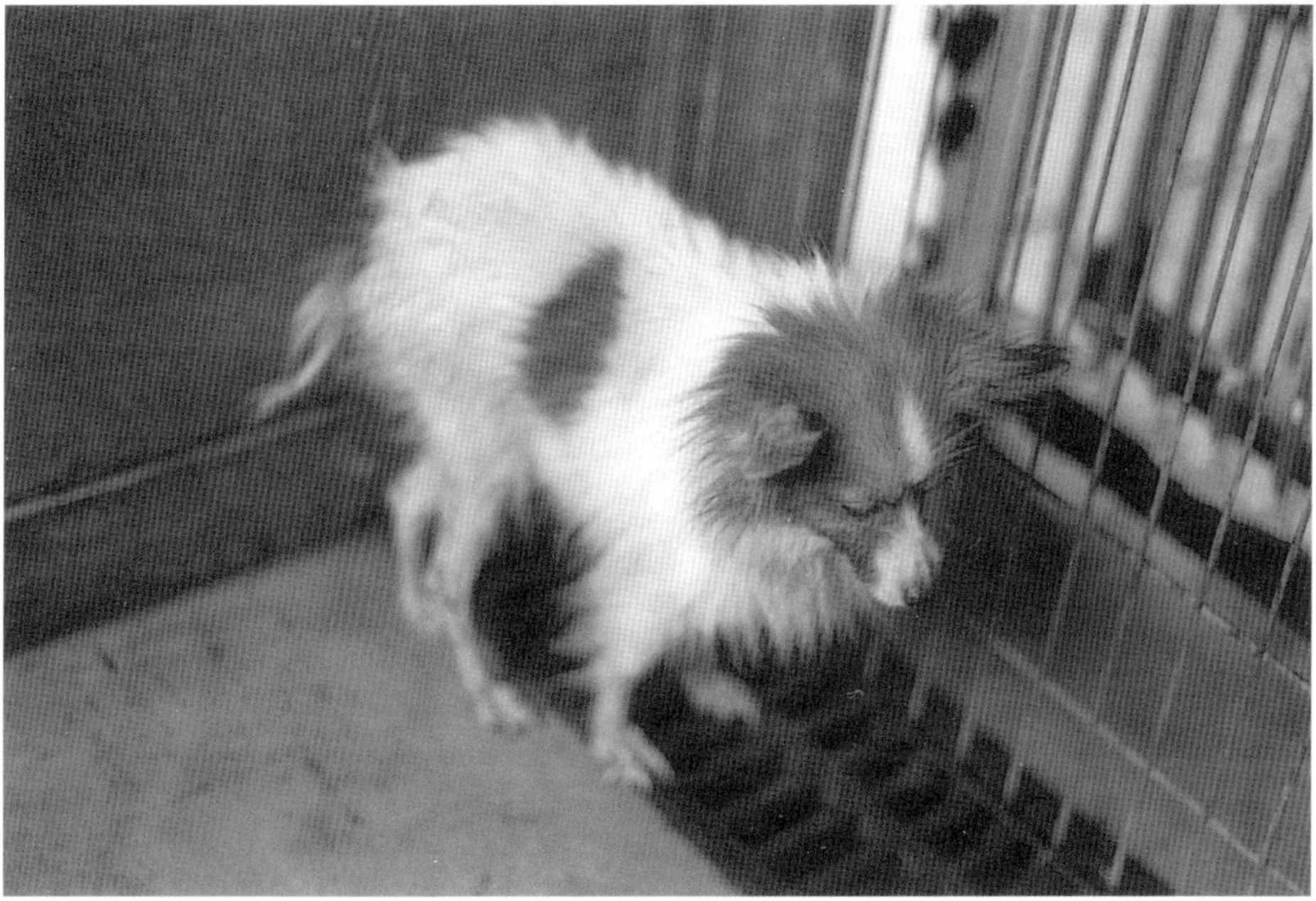

この子《こ》がこの世《よ》に
生《せい》を受《う》けた意味《いみ》は
何《なん》だったのか……

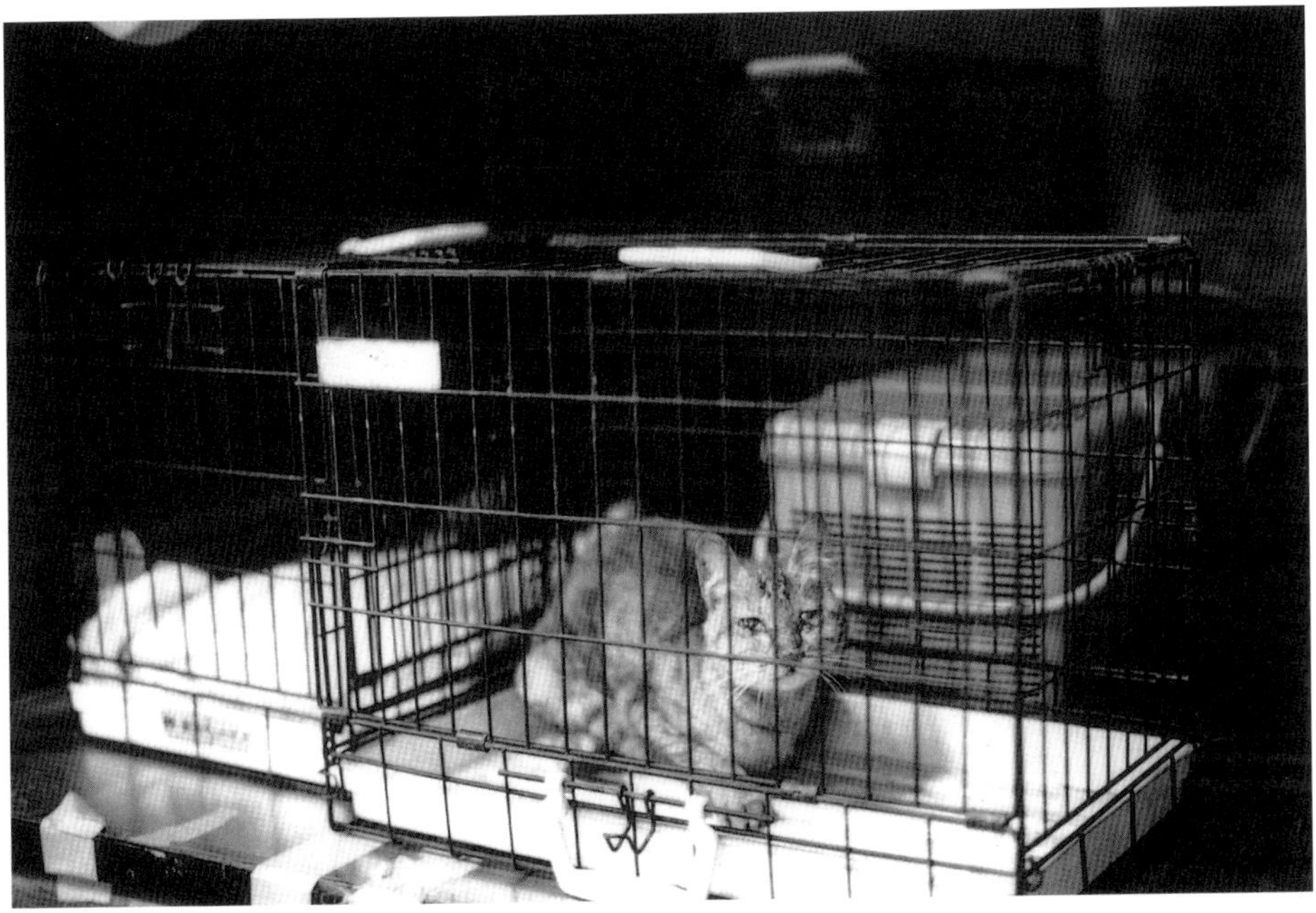

彼《かれ》らはなぜ、
命《いのち》を絶《た》たれなくては
ならないのか……

最期《さいご》まで誇《ほこ》り高《たか》く

鉄格子《てつごうし》の向《む》こうにあった
かけがえのない〝いのち〟。

ここに写《うつ》っている子《こ》たちは
もうこの世《よ》にはいません。

慰霊碑

ラストポートレート
——この世《よ》に生《せい》を受《う》けて……

ここに、間《ま》もなく生命《いのち》が尽《つ》きようと
していたどうぶつたちの、
3枚《まい》のポートレートがあります。

1枚目《まいめ》は、家族《かぞく》の愛《あい》と献身的《けんしんてき》な
介護《かいご》に見守《みまも》られながら、
天寿《てんじゅ》を全《まっと》うしつつある子《こ》の、
最後《さいご》の記念写真《きねんしゃしん》。

2枚目《まいめ》は、人間《にんげん》に捨《す》てられ、
暗《くら》く冷《つめ》たいガス室《しつ》の中《なか》で

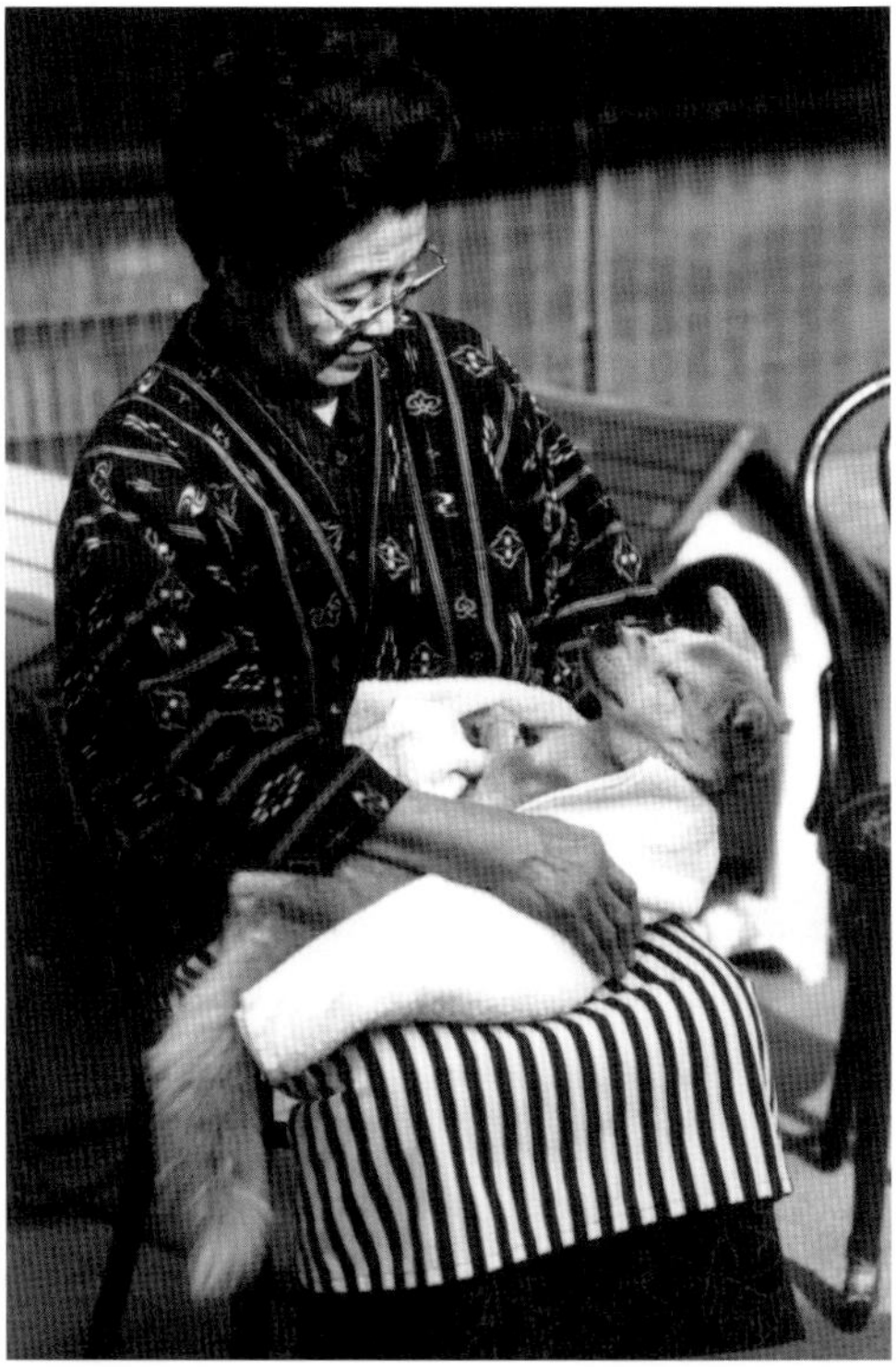

生命《いのち》を絶《た》たれようとしている子《こ》の、
最期《さいご》の肖像写真《しょうぞうしゃしん》――。

そして3枚目《まいめ》は、
里親《さとおや》に引《ひ》き取《と》られることによって
〝殺処分《さつしょぶん》〟をまぬがれた、
幸運《こううん》な子《こ》の姿《すがた》です。

彼《かれ》らの運命《うんめい》の明暗《めいあん》を分けるのは、
私《わたし》たち人間《にんげん》の意識《いしき》です。
どうぶつとともに暮《く》らすことの
意味《いみ》を、責任《せきにん》を、今一度《いまいちど》、
自《みずか》らに問《と》い直《なお》してみませんか？

小《ちい》さな命《いのち》を守《まも》るために、
私《わたし》たちにできることがあります

●殺《ころ》されるためだけに産《う》まれてくる命《いのち》を増《ふ》やさないために、不妊《ふにん》・去勢手術《きょせいしゅじゅつ》を

保健所《ほけんじょ》に持《も》ち込《こ》まれ殺処分《さつしょぶん》されている犬《いぬ》のうちの33パーセントが子犬《こいぬ》、猫《ねこ》のうちの81パーセントが子猫《こねこ》です。これ以上不幸《いじょうふこう》な命《いのち》を増《ふ》やさないために、不妊去勢手術《ふにんきょせいしゅじゅつ》をしてください。また不妊去勢手術《ふにんきょせいしゅじゅつ》により、雄《おす》雌《めす》ともに様々《さまざま》な病気《びょうき》(雄《おす》＝睾丸腫瘍《こうがんしゅよう》、前立腺《ぜんりつせん》肥大《ひだい》など／雌《めす》＝子宮癌《しきゅうがん》、乳腺腫瘍《にゅうせんしゅよう》など)や、発情《はつじょう》に伴《ともな》うストレス、喧嘩《けんか》、交通事故《こうつうじこ》などを予防《よぼう》することができ、寿命《じゅみょう》も延《の》びます。

●動物《どうぶつ》の健康管理《けんこうかんり》に関《かん》する正《ただ》しい知識《ちしき》を持《も》ち、実践《じっせん》する

ワクチンや薬《くすり》による感染症《かんせんしょう》や寄生虫病《きせいちゅうびょう》の

予防《よぼう》、犬猫《いぬねこ》に必要《ひつよう》な正《ただ》しい栄養《えいよう》による病気《びょうき》の予防《よぼう》、ストレス管理《かんり》（犬《いぬ》＝つなぎ飼《が》いにせず家《いえ》の中《なか》で人間《にんげん》と共《とも》に生活《せいかつ》するなど、家《か》族《ぞく》とのコミュニケーションを密《みつ》にする／猫《ねこ》＝複数匹《ふくすうひき》いる場合《ばあい》はそれぞれの縄張《なわば》りを侵《おか》し合《あ》わないよう配慮《はいりょ》するなど）による病気《びょうき》の予防《よぼう》は、犬猫《いぬねこ》と暮《く》らすうえで最低限必要《さいていげんひつよう》な知識《ちしき》です。

●正《ただ》しいしつけにより事故《じこ》や問題行動《もんだいこうどう》を防《ぼう》止《し》すると同時《どうじ》に、飼《か》い主《ぬし》としてのマナーを守《まも》り動物嫌《どうぶつぎら》いの人《ひと》を増《ふ》やさない

吠《ほ》える、咬《か》みつく、行動《こうどう》を制御《せいぎょ》できないといった犬《いぬ》にまつわるトラブルの多《おお》くは、子犬時代《こいぬじだい》のしつけや飼《か》い主《ぬし》のリーダーシップ不足《ぶそく》が原因《げんいん》です。また糞《ふん》の放置《ほうち》、尿《にょう》の臭《にお》いなど地域住民《ちいきじゅうみん》とのトラブルの元《もと》になる迷《めい》惑行為《わくこうい》は飼《か》い主《ぬし》のマナー不足《ぶそく》が原因《げんいん》です。犬猫《いぬねこ》の立場《たちば》を向上《こうじょう》させるためにも、正《ただ》しいしつけ（しつけ教室《きょうしつ》に通《かよ》う、本《ほん》で勉強《べんきょう》するなど）をすると同時《どうじ》に、飼《か》い主《ぬし》としてのマナーを守《まも》ってください。

●犬《いぬ》は必《かなら》ず登録《とうろく》して首輪《くびわ》に鑑札《かんさつ》・迷子札《まいごふだ》を付《つ》け、戸外《こがい》ではリードを外《はず》さない

万《まん》が一《いち》、犬《いぬ》が迷子《まいご》になって捕獲《ほかく》され保健《ほけん》所《じょ》などに収容《しゅうよう》された場合《ばあい》、首輪《くびわ》に鑑札《かんさつ》を付《つ》けていなければ飼《か》い主《ぬし》が判明《はんめい》せず、法律《ほうりつ》で定《さだ》められた2日間《かかん》の公示期間《こうじきかん》の後《あと》（3日目《かめ》以降《いこう》）、殺処分《さつしょぶん》されてしまいます。犬《いぬ》には

必《かなら》ず鑑札《かんさつ》と迷子札《まいごふだ》（電話番号《でんわばんごう》など連絡先《れんらくさき》を書《か》いたもの）を付《つ》け、戸外《こがい》では決《けっ》してリード（引《ひ》き綱《づな》）を外《はず》さないでください。

●猫《ねこ》は室内《しつない》で飼《か》い、迷子札《まいごふだ》を付《つ》ける

猫《ねこ》を戸外《こがい》で放《はな》し飼《が》いにすることは、糞尿《ふんにょう》問題《もんだい》などで近隣住民《きんりんじゅうみん》の迷惑《めいわく》にもなりますし、交通事故《こうつうじこ》・伝染病《でんせんびょう》・虐待《ぎゃくたい》など、猫《ねこ》にとっても危険《きけん》だらけです。もちろん、誰《だれ》にも迷惑《めいわく》をかけず猫《ねこ》にとっても安全《あんぜん》な環境《かんきょう》なら問題《もんだい》はありませんが、日本《にほん》の都市部《としぶ》ではまず、そのような状況《じょうきょう》はあり得《え》ません。猫《ねこ》は元来《がんらい》、自分《じぶん》が安全《あんぜん》でいられるテリトリー（縄張《なわば》り）を決《き》めたらその範囲内《はんいない》だけで十分満足《じゅうぶんまんぞく》して暮《く》らせる生《い》き物《もの》ですので、飼《か》い始《はじ》める最初《さいしょ》

の時点《じてん》から室内飼《しつないが》いを徹底《てってい》しましょう。

●野良猫《のらねこ》にエサを与《あた》えるなら、その子《こ》の保護者《ほごしゃ》である自覚《じかく》をもつ

「野良猫《のらねこ》がかわいそうだから」とただエサを与《あた》え続《つづ》ければ、野良猫《のらねこ》や外猫同士《そとねこどうし》で繁殖《はんしょく》を繰《く》り返《かえ》し、結果的《けっかてき》に保健所《ほけんじょ》で殺処分《さつしょぶん》される不幸《ふこう》な子猫《こねこ》を増《ふ》やすことになりますし、糞尿《ふんにょう》や鳴《な》き声《ごえ》などを嫌《きら》う近隣住民《きんりんじゅうみん》から虐待《ぎゃくたい》を受《う》ける恐《おそ》れもあります。野良猫《のらねこ》にエサを与《あた》える人《ひと》は、その子《こ》の保護者《ほごしゃ》である自覚《じかく》と責任《せきにん》を持《も》ち、エサ場《ば》の衛生的《えいせいてき》な管理《かんり》、トイレの設置《せっち》と糞尿《ふんにょう》の処理《しょり》、不妊去勢手術《ふにんきょせいしゅじゅつ》による繁殖制限《はんしょくせいげん》をすることで、野良猫《のらねこ》が地域《ちいき》の人《ひと》たちに受《う》け入《い》れられ、温《あたた》かく見守《みまも》られる

存在《そんざい》になるよう配慮《はいりょ》してください。

●犬猫《いぬねこ》が行方不明《ゆくえふめい》になったら即日《そくじつ》、保健所《ほけんじょ》や警察《けいさつ》などの関係機関《かんけいきかん》に届《とど》け出《で》る

街《まち》を徘徊《はいかい》していて保健所《ほけんじょ》に通報《つうほう》され、捕獲《ほかく》、収容《しゅうよう》された犬《いぬ》のうち、飼《か》い主《ぬし》の元《もと》に戻《もど》れる犬《いぬ》は全体《ぜんたい》のほんの16パーセントに過《す》ぎません。残《のこ》りの84パーセントは公示期間《こうじきかん》(2日《か》)の間《あいだ》に飼《か》い主《ぬし》が現《あらわ》れず殺処分《さっしょぶん》されているのです。もしも自分《じぶん》の犬《いぬ》が行方不明《ゆくえふめい》になったらすぐに保健所《ほけんじょ》や警察《けいさつ》、動物管理《どうぶつかんり》センターなどに届《とど》け出《で》をし、同時《どうじ》にポスターやチラシ、新聞掲載《しんぶんけいさい》など様々《さまざま》な方法《ほうほう》で捜索《そうさく》を始《はじ》めてください。

●飼《か》い始《はじ》めたからには、どんな理由《りゆう》があろ

うとも決《けっ》して捨《す》てない

飼《か》い主《ぬし》が犬《いぬ》や猫《ねこ》を保健所《ほけんじょ》に持《も》ち込《こ》む理由《りゆう》は様々《さまざま》です。「子犬《こいぬ》（子猫《こねこ》）の処置《しょち》に困《こま》った」「引《ひ》っ越《こ》し先《さき》でペットを飼《か》えない」「犬《いぬ》が病《びょう》気《き》になった」「飼《か》い主《ぬし》が病気《びょうき》（高齢《こうれい》）で世話《せわ》ができない」「咬《か》み癖《ぐせ》がある」「鳴《な》き声《ごえ》がうるさい」「近所《きんじょ》から苦情《くじょう》が来《き》た」「犬《いぬ》を制御《せいぎょ》できない」「なつかない」「新《あたら》しい犬《いぬ》（猫《ねこ》）を買《か》うから」「世話《せわ》が面倒《めんどう》」「お金《かね》がかかる」などなど……。犬猫《いぬねこ》を飼《か》い始《はじ》めたら、どんなことがあろうとも終生《しゅうせい》、家族《かぞく》の一員《いちいん》として愛情《あいじょう》と責任《せきにん》をもって共《とも》に暮《く》らしてください。またその覚悟《かくご》がないのなら飼《か》うことを諦《あきら》めるのも一《ひと》つの愛情《あいじょう》です。

● 動物《どうぶつ》たちを虐待《ぎゃくたい》から守《まも》る

『動物《どうぶつ》の愛護《あいご》及《およ》び管理《かんり》に関《かん》する法律《ほうりつ》』により、動物虐待者《どうぶつぎゃくたいしゃ》には罰金《ばっきん》・懲役刑《ちょうえきけい》が科《か》せられます。もしも虐待《ぎゃくたい》の事実《じじつ》を知《し》った場合《ばあい》は、言葉《ことば》を持《も》たない動物《どうぶつ》たちの代弁者《だいべんしゃ》として虐《ぎゃく》待者《たいしゃ》に注意《ちゅうい》を促《うなが》す、警察《けいさつ》や保健所《ほけんじょ》に訴《うった》えるなどして、動物《どうぶつ》を虐待《ぎゃくたい》から救《すく》ってください。

また虐待《ぎゃくたい》は連鎖《れんさ》すると言《い》われ、動物虐待《どうぶつぎゃくたい》と児童虐待《じどうぎゃくたい》・家庭内暴力《かていないぼうりょく》との関連性《かんれんせい》が指摘《してき》されています。動物虐待《どうぶつぎゃくたい》は人《ひと》に対《たい》する暴力《ぼうりょく》のシグナル（前段階《ぜんだんかい》）ととらえ、「たかが動物《どうぶつ》虐待《ぎゃくたい》」と見過《みす》ごさない社会《しゃかい》を作《つく》りましょう。

● 飼《か》い始《はじ》めるのなら、捨《す》て犬《いぬ》・捨《す》て猫《ねこ》の里親《さとおや》になり、一《ひと》つでも多《おお》くの命《いのち》を救《すく》ってください

自治体《じちたい》に収容《しゅうよう》された犬猫《いぬねこ》のうち、「新《あたら》しい飼《か》い主《ぬし》への譲渡《じょうと》」という形《かたち》で再《ふたた》び生《い》きる機《き》会《かい》を与《あた》えられた子《こ》は、犬《いぬ》で全体《ぜんたい》の８パーセント、猫《ねこ》は１パーセントにすぎません。飼《か》い主《ぬし》に捨《す》てられ殺《ころ》される運命《うんめい》にある犬猫《いぬねこ》の命《いのち》を一《ひと》つでも多《おお》く救《すく》うため、これから新《あたら》しく犬猫《いぬねこ》を飼《か》おうと思《おも》っている方《かた》は、保健所《ほけんじょ》などに収容《しゅうよう》されている犬猫《いぬねこ》の里親《さとおや》になってください。

●捨《す》て犬《いぬ》や捨《す》て猫《ねこ》を見《み》つけたら保護《ほご》し、自《じ》分《ぶん》で飼《か》えなければ里親《さとおや》を探《さが》す

万《まん》が一《いち》、捨《す》て犬《いぬ》や捨《す》て猫《ねこ》を見《み》つけた場合《ばあい》、「誰《だれ》かが何《なん》とかしてくれる」と見《み》て見《み》ぬふりをするのではなく、まずは保護《ほご》し、自分《じぶん》で

飼《か》えなければ里親《さとおや》を探《さが》してください。その際《さい》、里親《さとおや》を装《よそお》って犬猫《いぬねこ》を入手《にゅうしゅ》し、営利目的《えいりもくてき》に利用《りよう》する「里親詐欺《さとおやさぎ》」に注意《ちゅうい》し、きちんとした身元確認《みもとかくにん》や面接《めんせつ》を行《おこな》って、愛情《あいじょう》と責任《せきにん》溢《あふ》れる飼《か》い主《ぬし》を探《さが》してください。

●日本《にほん》の犬猫《いぬねこ》たちの置《お》かれている現実《げんじつ》や、小《ちい》さな命《いのち》を守《まも》るために必要《ひつよう》な知識《ちしき》・情報《じょうほう》・メッセージを周《まわ》りの人《ひと》たちに伝《つた》える

口《くち》コミ、ポスター、写真展《しゃしんてん》、マスコミへの投書《とうしょ》、ホームページ製作《せいさく》など、あなたにできる方法《ほうほう》で、言葉《ことば》を持《も》たない動物《どうぶつ》たちの代《だい》弁《べん》をしてください。一人《ひとり》の意識《いしき》が変《か》われば、一《ひと》つの命《いのち》が救《すく》われることにつながります。

参考資料《さんこうしりょう》
平成《へいせい》15年度《ねんど》 全国動物行政《ぜんこくどうぶつぎょうせい》アンケート結果報告書《けっかほうこくしょ》（地球生物会議発行《ちきゅうせいぶつかいぎはっこう》）

あとがき

小《ちい》さい頃《ころ》から、いつもそばにはどうぶつたちがいました。彼《かれ》らのいる暮《く》らしには、ぬくもりがあり、安《やす》らぎがあります。彼《かれ》らは人間《にんげん》の言葉《ことば》を話《はな》しません。でも、嬉《うれ》しい時《とき》、悲《かな》しい時《とき》、甘《あま》えたい時《とき》、寂《さび》しい時《とき》……その瞳《ひとみ》で、鳴《な》き声《ごえ》で、しっぽで、ヒゲで、せいいっぱい感情《かんじょう》を表《あらわ》します。私《わたし》が辛《つら》くて落《お》ち込《こ》んだ時《とき》、心配《しんぱい》そうな顔《かお》で寄《よ》り添《そ》っていてくれる彼《かれ》らに、なぐさめられ、励《はげ》まされ、勇気《ゆうき》をもらって生《い》きてきました。私《わたし》にとってどうぶつたちは、心《こころ》の通《かよ》い合《あ》う家族《かぞく》そのものです。

あの日《ひ》、河川敷《かせんじき》に埋《う》めた白《しろ》い犬《いぬ》との出逢《であ》いがなければ、現在《げんざい》の私《わたし》はなかったかもしれません。ゴミ同然《どうぜん》に捨《す》てられていた一《ひと》つの命《いのち》の重《おも》みを前《まえ》にして初《はじ》めて、「悲《かな》しい思《おも》いをしたくないから」と目《め》を背《そむ》けてきた捨《す》て犬《いぬ》・捨《す》て猫《ねこ》の問題《もんだい》に正面《しょうめん》から向《む》き合《あ》ってみよう――そう思《おも》えたのですから。

動物収容施設《どうぶつしゅうようしせつ》を訪《おとず》れてから数《すう》カ月間《げつかん》は、アルバムにはさんだ彼《かれ》らの写真《しゃしん》を、時折《ときおり》取《と》りだして見《み》ては涙《なみだ》、涙《なみだ》の日々《ひび》でした。それから約一年後《やくいちねんご》の一九九八年《ねん》四月《がつ》、知人《ちじん》が紹介《しょうかい》してくれた喫茶店《きっさてん》の小《ちい》さな展示《てんじ》スペースで、初《はつ》の写真展《しゃしんてん》『どうぶつたちへのレクイエム』を開《ひら》くことになりました。「見《み》れば悲《かな》しいに決《き》まっている写真《しゃしん》を、わざわざ見《み》に来《り》てくれる人《ひと》がいるだろうか？　でも、たとえ一人《ひとり》でも二人《ふたり》でもいい、この現実《げんじつ》を知《し》ってほしい」。祈《いの》るような気持《きも》ちで始《はじ》めた写真展《しゃしんてん》に、たくさんの方々《かたがた》が足《あし》を運《はこ》んでくださいました。その後《ご》二〇〇〇年《ねん》に出版《しゅっぱん》した写真集《しゃしんしゅう》や、同年開設《どうねんかいせつ》したホームページを通《つう》じて、更《さら》に多《おお》くの方《かた》たちが私《わたし》の活動《かつどう》に共感《きょうかん》してくださり、「今度《こんど》はうちの店《みせ》で展示《てんじ》させてほしい」「私《わたし》が通《かよ》っている小学校《しょうがっこう》で写真展《しゃしんてん》を開《ひら》きたいのですが」と、展示《てんじ》の輪《わ》は北海道《ほっかいどう》から沖縄《おきなわ》まで全国各地《ぜんこくかくち》に広《ひろ》がっていきました。来場者《らいじょうしゃ》の感想文《かんそうぶん》の中《なか》には、「真実《しんじつ》を知《し》ることで飼《か》い主《ぬし》としての意識《いしき》が変《か》わった」「捨《す》てられた犬《いぬ》や猫《ねこ》の気持《きも》ちがわかった」「どうぶつたちの命《いのち》を救《すく》うために自分《じぶん》にできることから始《はじ》めたい」といった声《こえ》も多《おお》く、知《し》らせること、伝《つた》えることの意義《いぎ》を実感《じっかん》しています。さらには写真展《しゃしんてん》の主旨《しゅし》に賛同《さんどう》してくださった方《かた》たちが、書籍《しょせき》、ＣＤ、パンフレット、ポストカード、ホームページ、新聞《しんぶん》、雑誌《ざっし》、学級通信《がっきゅうつうしん》など様々《さまざま》な媒体《ばいたい》に写真《しゃしん》を掲載《けいさい》し、それぞれの方法《ほうほう》でどうぶつたちのメッセージを広《ひろ》めてくださるようにもなりました。

　そしてこのたび、前著《ぜんちょ》を出版《しゅっぱん》してから五年《ねん》の間《あいだ》に全国《ぜんこく》の動物収容施設《どうぶつしゅうようしせつ》で撮影《さつえい》した写真《しゃしん》を新《あら》たに加《くわ》え、リニューアル版《ばん》として本書《ほんしょ》を出版《しゅっぱん》させていただくことができました。収容施設《しゅうようしせつ》を取材《しゅざい》する中《なか》で、「出来《でき》ることなら殺《ころ》したくはない……」と心《こころ》の葛藤《かっとう》を抱《かか》えながら処分業務《しょぶんぎょうむ》に携《たずさ》わっておられる職員《しょくいん》の方《かた》たちや、行政《ぎょうせい》と連携《れんけい》して捨《す》てられた犬猫《いぬねこ》の里親探《さとおやさが》しに奮闘《ふんとう》しておられる民間《みんかん》ボランティアの人《ひと》たちに出会《であ》いました。官民《かんみん》いずれの方《かた》たちも「捨《す》てられる犬猫《いぬねこ》を減《へ》らしたい」という思《おも》いは同《おな》じで、飼《か》い主《ぬし》に対《たい》する正《ただ》しい飼《か》い方《かた》の啓発《けいはつ》や、新《あたら》しい飼《か》い主《ぬし》への譲渡《じょうと》など、どうぶつたちの命《いのち》を守《まも》る方法《ほうほう》を模索《もさく》しておられました。そして私《わたし》自身《じしん》は、辛《つら》い現実《げんじつ》を目《ま》の当《あ》たりにすることの多《おお》い活動《かつどう》の中《なか》でくじけそうになりながらも、取材《しゅざい》を通《つう》じて死《し》を待《ま》つどうぶつたちに出逢《であ》うたびに自分《じぶん》の無力《むりょく》さを痛感《つうかん》し、「せめて伝《つた》え続《つづ》けなければ」と決意《けつい》を新《あら》たにしてきました。

近年《きんねん》、「犬《いぬ》や猫《ねこ》は家族《かぞく》の一員《いちいん》」との意識《いしき》が浸透《しんとう》しつつある一方《いっぽう》で、彼《かれ》らの命《いのち》をモノ扱《あつか》いし、「〝不要《ふよう》〟になった」とゴミのように捨《す》ててしまう飼《か》い主《ぬし》も後《あと》を絶《た》ちません。そんな状況《じょうきょう》を少《すこ》しでも改善《かいぜん》していくために何《なに》よりも大切《たいせつ》なのは、私《わたし》たち一人《ひとり》一人《ひとり》の意識《いしき》を変《か》えることです。

マハトマ・ガンジーが、こんな言葉《ことば》を遺《のこ》しています。「国家《こっか》の偉大《いだい》さや道徳的《どうとくてき》水準《すいじゅん》は、その国《くに》で動物《どうぶつ》たちがどのように扱《あつか》われているかによって判断《はんだん》することができる」。社会《しゃかい》や家庭《かてい》の中《なか》で最《もっと》も弱《よわ》い存在《そんざい》であるどうぶつの命《いのち》を尊《とうと》び、言葉《ことば》を持《も》たない彼《かれ》らの気持《きも》ちを思《おも》いやる感性《かんせい》を育《そだ》てることは、ひいては人間《にんげん》の命《いのち》を大切《たいせつ》にし、他者《たしゃ》に対《たい》する思《おも》いやりの心《こころ》を育《はぐく》むことにもつながるのではないでしょうか。

どうぶつと暮《く》らしている人《ひと》にも、いない人《ひと》にも、いつか暮《く》らしてみたいと思《おも》っている人《ひと》にも、そして誰《だれ》よりも、これからの日本《にほん》を創《つく》っていく子《こ》どもたちに見《み》てほしい、そして感《かん》じてほしい。どうぶつたちの瞳《ひとみ》の訴《うった》えを、どうぶつと暮《く》らすということの意味《いみ》を、責任《せきにん》を、無知《むち》の恐《おそ》ろしさを。そして、彼《かれ》らにも私《わたし》たちと同《おな》じようにかけがえのない命《いのち》があるのだということを——。本書《ほんしょ》を通《つう》じて、一人《ひとり》でも多《おお》くの方《かた》の心《こころ》に、今《いま》は亡《な》き彼《かれ》らの声《こえ》が届《とど》くよう、願《ねが》ってやみません。

最後《さいご》になりましたが、私《わたし》の活動《かつどう》にご協力《きょうりょく》くださいましたすべての皆様《みなさま》、帯《おび》に推薦文《すいせんぶん》をお寄《よ》せくださいましたＹｏｓｈｉさん、いつもそばで私《わたし》を励《はげ》まし支《ささ》えてくれている夫《おっと》と十匹《じゅっぴき》の猫《ねこ》たち、そして本書《ほんしょ》の出版《しゅっぱん》にご尽力《じんりょく》いただきました日本《にほん》出版社《しゅっぱんしゃ》の石井幸雄《いしいゆきお》さんに、この場《ば》をお借《か》りして心《こころ》よりお礼申《れいもう》し上《あ》げます。

二〇〇五年《ねん》一月《がつ》

児玉小枝《こだまさえ》

児玉小枝（こだま・さえ）

１９７０年広島県生まれ。
幼い頃から犬、猫、ハムスター、ひよこなど
様々などうぶつたちと生活をともにし、
自他ともに認める動物好きとなる。
大阪成蹊女子短期大学児童教育学科を卒業後、
広告代理店、動物病院、タウン誌編集部勤務を経て、
「人と動物との共生」をテーマに取材活動を開始。
現在は、写真展「ラストポートレート
〜この世に生を受けて」を全国で巡回展示している。
著書に、『明るい老犬介護』（桜桃書房）がある。

＊

写真展の主旨に賛同してくださる方に
展示作品の貸し出しをさせていただいています。
各地での開催日程や貸し出し方法など、
詳細は左記ホームページをご覧ください。
http://www1.u-netsurf.ne.jp/~s-kodama/

どうぶつたちへのレクイエム

2005年 2月25日　第1刷発行
2006年 2月10日　第5刷発行

著　者　児玉小枝
Ａ　Ｄ　山口至剛
デザイン　山口至剛デザイン室（茂村巨利・坂井正規）
発行者　矢崎泰夫
発行所　株式会社日本出版社
〒162-0805　東京都新宿区矢来町111
TEL.03-5261-1811　FAX.03-5261-1812
http://www.nihonshuppansha.com
郵便振替　00190-6-67641
印刷・製本　大日本印刷株式会社

ISBN4-89048-879-0